Dr. Murugan Perumal
Mrs. Karthika Duraisamy
Dr. Deepak Sampathkumar

Tratamento de efluente de curtume utilizando membrana líquida nanoemulsionada

AF550429

Dr. Murugan Perumal
Mrs. Karthika Duraisamy
Dr. Deepak Sampathkumar

Tratamento de efluente de curtume utilizando membrana líquida nanoemulsionada

Tratamento avançado de efluentes de curtumes utilizando a tecnologia de membranas líquidas à base de nanoemulsão

ScienciaScripts

Imprint

Any brand names and product names mentioned in this book are subject to trademark, brand or patent protection and are trademarks or registered trademarks of their respective holders. The use of brand names, product names, common names, trade names, product descriptions etc. even without a particular marking in this work is in no way to be construed to mean that such names may be regarded as unrestricted in respect of trademark and brand protection legislation and could thus be used by anyone.

Cover image: www.ingimage.com

This book is a translation from the original published under ISBN 978-620-8-41913-4.

Publisher:
Sciencia Scripts
is a trademark of
Dodo Books Indian Ocean Ltd. and OmniScriptum S.R.L publishing group

120 High Road, East Finchley, London, N2 9ED, United Kingdom
Str. Armeneasca 28/1, office 1, Chisinau MD-2012, Republic of Moldova, Europe
Managing Directors: Ieva Konstantinova, Victoria Ursu
info@omniscriptum.com

Printed at: see last page
ISBN: 978-620-8-57223-5

Copyright © Dr. Murugan Perumal, Mrs. Karthika Duraisamy, Dr. Deepak Sampathkumar
Copyright © 2025 Dodo Books Indian Ocean Ltd. and OmniScriptum S.R.L publishing group

TRATAMENTO DE EFLUENTES DE CURTUMES COM MEMBRANAS DE NANOEMULSÃO LÍQUIDA

RESUMO

Foi estudada a extração de iões de metais pesados em efluentes de curtumes por membranas líquidas de nanoemulsão (NELMs). A fase de membrana líquida da NELM consistia em Aliquat336 como transportador, Span 80 como surfactante, óleo de neem como diluente, grafeno e ZnO como agente estabilizador e solução de hidróxido de sódio como fase interna. A amostra e a fase de membrana extraída foram caracterizadas utilizando espetroscopia de infravermelhos com transformada de Fourier (FTIR), difração de raios X (XRD), microscópio eletrónico de varrimento (SEM) e espetroscopia Raman. Foi feita a otimização de vários parâmetros, como o pH, a concentração do agente de transporte, a concentração do tensioativo, a velocidade de agitação, a concentração inicial da alimentação, o tempo de extração, a razão de remoção e a razão M/S, tendo sido analisada a maior extração de metais pesados.

Bibliografia de autores de livros

Dr. Murugan Perumal, Professor Associado e Diretor do Departamento de Engenharia Química, Agni College of Technology, Chennai, Tamilnadu, Índia. É Doutor em Filosofia (Ph.D) em Engenharia Química no Instituto Nacional de Tecnologia (NIT), Calicut, Kerala. Tem 13 anos de ensino e investigação. A sua área de investigação é o Tratamento de Águas Residuais, Tecnologia de Membranas, Bio-sorção, Nanomateriais e Nanocompósitos. Publicou várias publicações nacionais e internacionais em revistas de referência.

Email: miiriiaannitc@amail.com, Número de telemóvel: +919746959147, +919994413034

ID do investigador: https://www.webofscience.com/wos/author/record/ISU-8491-2023

Karthika Duraisamy, Professora Assistente, Departamento de Engenharia Química, Agni College of Technology, Chennai, Tamil Nadu, Índia. Concluiu o Mestrado em Engenharia Química na Universidade Anna de Chennai em 2011 e o Bacharelato em Engenharia Química e Eletroquímica no Instituto Central de Investigação Eletroquímica, Karaikudi, em 2009. As suas áreas de investigação são o tratamento de águas residuais, a gestão de resíduos, os nanomateriais e os combustíveis alternativos. Publicou várias publicações nacionais e internacionais em revistas de referência, como o Journal of Molecular Liquids, Process Safety and Environmental Protection, Journal of Sol-Gel Science and Technology.

Correio eletrónico:karthikacecri@gmail.com ; Número de telemóvel: +919994449859

ID do investigador: https://www.webofscience.com/wos/author/record/KVY-6654-2024

Dr. S. Deepak, Professor Associado, Departamento de Engenharia Mecânica e de Automação, Agni College of Technology, Chennai, Tamilnadu, Índia. É Doutor em Filosofia (Ph.D.) na Faculdade de Engenharia Mecânica do Centro de Investigação da Universidade de Anna. Tem 6 anos de experiência em investigação e ensino. Trabalhou como bolseiro de investigação júnior - Departamento de Ciência e Tecnologia sancionou o projeto interdisciplinar intitulado "Conceção e desenvolvimento de uma técnica de gestão de resíduos hospitalares para a eliminação segura de resíduos biomédicos" no Instituto Central de Engenharia Petroquímica e Tecnologia, Chennai, Tamil Nadu, Índia. Publicou revistas internacionais, revistas nacionais e comunicações orais e posters apresentados em várias conferências nacionais e internacionais.naamphd@gmail.com ;drdojrf@gmail.com ; Telemóvel; +917418326998/+917904991471

Google Scholar ID: https://scholar.google.com/citations?user=INNC2rgAAAAJ&hl=en

ORCID: https://orcid.org/0000-0002-4704-5367; Scopus Author ID: 57219343880

Índice

LISTA DE FIGURAS

LISTA DE SÍMBOLOS

1. SEM - Scanning electron microscope
2. FTIR - Fourier-transform infrared spectroscopy
3. XRD - X-Ray diffraction
4. NaOH - Sodium hydroxide
5. HCl - Hydrochloric acid
6. ELM - Emulsion Liquid Membrane
7. OH - Alcohol

6

CAPÍTULO 1: INTRODUÇÃO

1.1 TRATAMENTO DE ÁGUAS RESIDUAIS

A indústria de curtumes é uma das indústrias de transformação mais poluentes. Os efluentes do processo de produção contêm elevados teores de poluentes, tais como resíduos sólidos de diferentes dimensões, sulfuretos, cloretos, iões de crómio, resíduos orgânicos, óleos, gorduras, etc. A descarga de efluentes de curtumes tratados incorretamente polui a superfície do solo, as massas de água, as águas subterrâneas e cria problemas ambientais. O processo de tratamento existente implica custos de funcionamento elevados, é moroso e tem uma eficiência limitada.

Os metais pesados são quimicamente estáveis e não biodegradáveis, pelo que podem ser acumulados de forma persistente no ambiente. A exposição prolongada ou a níveis elevados a metais pesados tóxicos pode induzir uma série de problemas de saúde graves, incluindo danos neurológicos, anemia, defeitos ósseos, cancro, etc. Por conseguinte, é urgentemente necessário desenvolver técnicas eficientes para controlar a poluição por metais pesados. Os metais pesados poluem o ambiente, bem como os seres humanos e os animais. Os metais pesados com gravidade específica superior a 5 contaminam a água, tornando-a mais venenosa na natureza. Metais pesados como o crómio, o cádmio, o cobre, o arsénico e outros podem ser encontrados nos efluentes industriais dos curtumes. O Conselho de Controlo da Poluição estabelece vários parâmetros para as indústrias que libertam metais pesados no ambiente.

As técnicas comuns para a remoção de metais pesados incluem a extração por membrana, a permuta iónica, a separação eletroquímica, a redução catalítica, a adsorção, etc. Entre estas técnicas, a técnica de adsorção é a preferida devido às suas superioridades, como o baixo custo, a elevada eficiência e a facilidade de operação. Para resolver este problema, estão atualmente disponíveis numerosas técnicas de separação (por exemplo, adsorção, permuta iónica, precipitação selectiva, nanofiltração, etc.), cuja seleção, no entanto, está longe de ser trivial e merece grande atenção para evitar uma escolha não optimizada ou o fracasso da atividade de recuperação. Em geral, as tecnologias baseadas na adsorção provaram estar entre as alternativas mais viáveis propostas para o tratamento de águas residuais industriais contaminadas por uma grande variedade de poluentes, tanto orgânicos como inorgânicos, devido aos baixos custos de processamento e instrumentação, à simplicidade de funcionamento e à disponibilidade de diferentes tipos de adsorventes de baixo custo e amigos do ambiente. Uma vasta gama de materiais, incluindo o carvão ativado, os óxidos metálicos, os nanotubos de carbono, os polímeros, os resíduos agrícolas e as argilas naturais e modificadas, tem sido utilizada com êxito para adsorver metais pesados de soluções aquosas. De acordo com as diretrizes da OMS para a água comestível, o limite admissível de Cu(VI) é de 2000 mícrones, Cr(II) é de 50 mícrones e Cu(II) é de 3 mícrones. A Membrana de Emulsão Líquida é constituída por duas fases líquidas mistas. Para uma separação efectiva, esta membrana deve ser imiscível em duas fases. Esta membrana também pode ser conhecida como "Membrana Líquida Verde" se forem utilizados óleos naturais e óleos comestíveis e não comestíveis. A membrana de emulsão é feita pela formação de duas fases de emulsão. É atualmente um dos melhores e mais eficazes métodos de remoção de metais pesados das águas residuais. A membrana líquida de emulsão (ELM) é reconhecida pela sua área inter-superficial de transferência de massa, que permite que tanto a remoção como a extração ocorram numa única operação. Neste trabalho, são utilizadas nanopartículas de carbono, como o grafeno, que são sintetizadas por eletrólise. As partículas de grafeno estabilizam a água no óleo. O efeito de parâmetros como o pH, a velocidade de agitação, a concentração, a temperatura e numerosas variações de lote é examinado neste procedimento.

1.2 Propriedades do grafeno e do ZnO

Foram utilizados vários adsorventes para a remediação de águas residuais, incluindo carvão ativado, quitosano, biochar, zeólito, polímero, nanotubos de carbono, estruturas metal-orgânicas (MOF), pontos quânticos de carbono (CQD) e grafeno. Recentemente, os materiais à base de grafeno têm merecido uma enorme atenção como adsorventes de elevada eficiência para a eliminação de metais pesados da água. No entanto, a boa dispersão do grafeno tem os seus prós e os seus contras. Por um lado, a boa dispersão torna os locais de adsorção do grafeno suficientemente expostos aos contaminantes para tirar o máximo partido do potencial de adsorção. Entre os muitos metais potencialmente nocivos para o ambiente e a saúde humana, a poluição pelo crómio é motivo de grande preocupação, uma vez que o metal é amplamente utilizado em muitas actividades industriais, como a galvanoplastia, o curtimento de peles, as centrais nucleares e as indústrias têxteis.

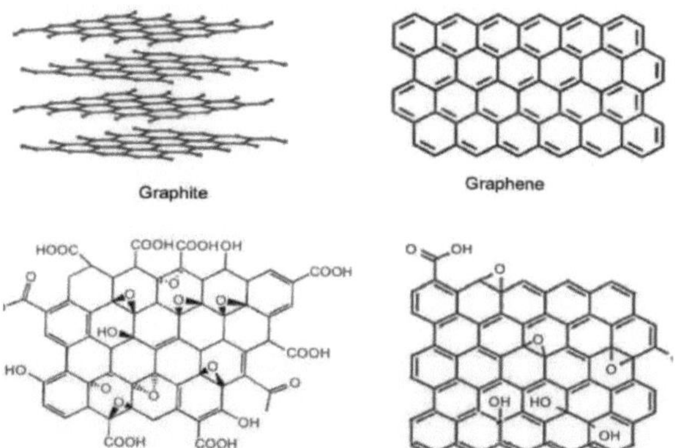

Fig.1 Estrutura do grafeno

1.3 Normas de descarga dos efluentes de curtumes

Os efluentes da fábrica de curtumes contêm muitos poluentes que podem afetar o ambiente e o ecossistema aí presentes. O elevado teor de CBO e CQO no efluente da fábrica de curtumes pode levar à utilização do oxigénio dissolvido na água, resultando no esgotamento do oxigénio dissolvido para os organismos vivos, causando eventualmente a morte e o colapso do ecossistema. Os iões livres nos efluentes podem causar reacções de radicais livres e produzir compostos tóxicos. Para regular a descarga dos efluentes das fábricas de curtumes no ambiente, o governo implementou normas para os efluentes das fábricas de curtumes, que têm de ser cumpridas aquando da sua descarga. A violação dessas normas pode resultar em acções judiciais contra as fábricas de curtumes e as pessoas responsáveis. As normas actualizadas para a descarga de efluentes de curtumes pelo Ministério do Ambiente, dos sulfuretos florestais e das alterações climáticas para 2021 são apresentadas no quadro seguinte [4].

Parameter	Maximum permissible limit (In mg/l expect for pH)
pH	6 to 9
Biological Oxygen Demand (BOD) at 27.C	20
Chemical Oxygen Demand (COD)	250
Total Suspended Solids (TSS)	50
Total Dissolved Solids (TDS)	2100
Sulphides	2.0
Total chromium (as Cr)	2.0
Hexavalent chromium (as Cr+6)	0.1
Oils and Greases	10

Quadro 1 Normas do Conselho de Controlo da Poluição para a descarga de efluentes de fábricas de curtumes

1.4 MÉTODOS DE EXTRACÇÃO

Foram propostos diferentes métodos para remover metais pesados dos efluentes de curtumes, tais como filtro biológico aerado submerso, membranas de nanofiltração, adsorvente magnético de óxido de grafeno, adsorção com carvão ativado, ozonização e processos de oxidação avançados, processo de osmose inversa e permuta iónica, processo Fenton, eletrocoagulação, extração líquido-líquido e membrana líquida suportada.

1.4.1 FILTRO BIOLÓGICO AERADO SUBMERSO

Os filtros biológicos aerados (BAF) são reactores submersos de meios fixos trifásicos para o tratamento de águas residuais. Uma das principais caraterísticas dos reactores BAF é a utilização de meios granulares que permitem a separação dos sólidos, bem como o tratamento biológico secundário ou terciário numa única unidade. Um ventilador envia ar através de um difusor no fundo do leito que gera bolhas que sobem através do filtro, fornecendo um fluxo constante de oxigénio à biomassa para apoiar o processo de oxidação.

1.4.2 MEMBRANAS DE NANOFILTRAÇÃO

A nanofiltração é um processo de separação caracterizado por membranas compostas orgânicas de película fina com uma gama de tamanhos de poros de 0,1 a 10 nm. Ao contrário das membranas de osmose inversa (OR), que rejeitam todos os solutos, as membranas de NF podem funcionar a pressões mais baixas e oferecem uma rejeição selectiva de solutos com base no tamanho e na carga. As membranas de nanofiltração são um desenvolvimento relativamente recente e oferecem uma maior seletividade de iões em comparação com as membranas de osmose inversa que rejeitam todas as espécies de iões num fluxo de alimentação. Esta caraterística única proporciona flexibilidade no desenvolvimento do processo de separação que pode ter um grande impacto no desempenho e na rentabilidade, especialmente para aplicações industriais.

1.4.3 ADSORVENTE MAGNÉTICO DE ÓXIDO DE GRAFENO

O óxido de grafeno magnético (MGO) foi sintetizado através do método de co-precipitação. A capacidade de absorção do MGO foi melhorada devido à quelação de metais e à atração eletrostática. O MGO apresentou uma excelente eficiência de remoção de 98,787%, 97,150% e 97,689% em relação a E-Coli, yersinia ruckeri e enterobacter agglomerans, respetivamente.

1.4.4 ADSORÇÃO COM CARVÃO ACTIVADO

A filtração por carvão ativado é uma tecnologia comummente utilizada que se baseia na adsorção de contaminantes na superfície de um filtro. Este método é eficaz na remoção de certos elementos orgânicos (como sabores e odores indesejados, micropoluentes), cloro, flúor ou rádon da água potável ou das águas residuais. No entanto, não é eficaz para contaminantes microbianos, metais, nitratos e outros contaminantes inorgânicos. A eficiência de adsorção do depende da natureza do carvão ativado utilizado, da composição da água e dos parâmetros de funcionamento. Existem muitos tipos de filtros de carvão ativado que podem ser concebidos para as necessidades domésticas, comunitárias e industriais. Os filtros de carvão ativado são relativamente fáceis de instalar, mas requerem energia e mão de obra especializada e podem ter custos elevados devido à substituição regular do material filtrante.

1.4.5 OZONIZAÇÃO E PROCESSOS DE OXIDAÇÃO AVANÇADOS

A ozonização (também designada por ozonização) é uma técnica de tratamento químico da água baseada na infusão de ozono na água. O ozono é um gás composto por três átomos de oxigénio (O3), que é um dos oxidantes mais potentes. A ozonização é um tipo de processo de oxidação avançado, que envolve a produção de espécies de oxigénio muito reactivas capazes de atacar uma vasta gama de compostos orgânicos e todos os microorganismos. O tratamento da água com ozono tem uma vasta gama de aplicações, uma vez que é eficaz para a desinfeção, bem como para a degradação de poluentes orgânicos e inorgânicos. O ozono é produzido através da utilização de energia, submetendo o oxigénio (O2) a uma tensão eléctrica elevada ou à radiação UV. As quantidades necessárias de ozono podem ser produzidas no ponto de utilização, mas a produção requer muita energia e é, portanto, dispendiosa. Os processos de oxidação avançada, em sentido lato, referem-se a um conjunto de procedimentos de tratamento químico concebidos para remover materiais orgânicos (e por vezes inorgânicos) presentes na água e nas águas residuais por oxidação através de reacções com radicais hidroxilo (·OH). No entanto, em aplicações reais de tratamento de águas residuais, este termo refere-se mais especificamente a um subconjunto de processos químicos que utilizam ozono (O3), peróxido de hidrogénio (H2O2) e/ou luz UV. Um desses tipos de processos é designado por oxidação química in situ.

1.4.6 OSMOSE INVERSA E PERMUTA IÓNICA

O processo de filtragem da água por osmose inversa é simples e direto. É realizado pela pressão da água que empurra a água da torneira através de uma membrana semi-permeável para remover os contaminantes da água. Este é um processo em que os sólidos inorgânicos dissolvidos são removidos de uma solução. Este processo difere da filtração normal, em que as impurezas são recolhidas no interior do meio filtrante. O processo de osmose inversa empurra a água através de uma série de filtros e, em última análise, a água limpa vai para o tanque de retenção e os contaminantes são descarregados pelo ralo. A troca iónica é uma troca reversível de um tipo de ião presente num sólido insolúvel com outro de carga semelhante presente numa solução que envolve o sólido, sendo a reação utilizada especialmente para amaciar ou desmineralizar a água e para a purificação de produtos químicos e separação de substâncias.

1.4.7 EXTRACÇÃO LÍQUIDO-LÍQUIDO

L A extração líquido-líquido (LLE), também conhecida como extração por solventes e partição, é um método para separar compostos ou complexos metálicos, com base na sua solubilidade relativa em dois líquidos imiscíveis diferentes, geralmente água (polar) e um solvente orgânico (não polar). Verifica-se uma transferência líquida de uma ou mais espécies de um líquido para outra fase líquida, geralmente de aquosa para orgânica. A transferência é impulsionada pelo potencial químico, ou seja, uma vez concluída a transferência, o sistema global de componentes químicos que constituem os solutos e os solventes encontra-se numa configuração mais estável (energia livre mais baixa). O solvente que é enriquecido em soluto(s) é designado por extrato. A solução de alimentação que é empobrecida em soluto(s) é chamada de refinado. A LLE é uma técnica básica em laboratórios químicos, onde é efectuada utilizando uma variedade de aparelhos, desde funis de separação a equipamentos de distribuição em contracorrente chamados misturadores de decantação. Este tipo de processo é normalmente realizado após uma reação química como parte do trabalho, incluindo frequentemente um trabalho ácido.

1.4.8 MEMBRANA LÍQUIDA SUPORTADA

Uma membrana líquida suportada (SLM) é um dos sistemas de membrana líquida trifásica em que a fase da membrana (líquido) é mantida por forças capilares nos poros de uma película microporosa polimérica ou inorgânica. O líquido imobilizado é uma fase da membrana e a película microporosa serve de suporte para a membrana.

As caraterísticas salientes da técnica de membrana líquida suportada (SLM) são a extração e a remoção simultâneas, o baixo inventário de solventes, a economia de processo, a elevada eficiência, o menor consumo de extractantes e os seus custos operacionais.

1.5 MEMBRANA LÍQUIDA EM EMULSÃO

A membrana de emulsão líquida (ELM) tem algumas caraterísticas atractivas em comparação com outros processos de separação na extração de contaminantes farmacêuticos de soluções aquosas: elevada eficiência, baixo custo, tempo de funcionamento curto, operação simples, extração e remoção simultâneas, maior área interfacial, baixo consumo de energia e necessidade de equipamento compacto. Até à data, foram realizados vários estudos sobre a extração de fármacos da água utilizando ELM, incluindo penicilina, acetaminofeno, diclofenac, eritromicina e cefalexina. As membranas de emulsão líquida são conhecidas como sistema de dupla emulsão. A vantagem deste processo é que a extração e o processo de decapagem ocorrem simultaneamente numa única operação, e a limitação do equilíbrio pode ser eliminada. Também pode reduzir a quantidade de um extrator dispendioso; são possíveis fluxos elevados e uma elevada seletividade. Também é possível tratar qualquer fonte de águas residuais que contenham substâncias orgânicas e metais, mesmo a baixa concentração. As emulsões primárias de água em emulsão de óleo foram preparadas através da emulsão de duas fases imiscíveis da solução de decapagem e da fase orgânica líquida da membrana com um tensioativo para produzir uma emulsão. Esta emulsão primária é então dispersa na solução ou fase a ser tratada. A transferência de massa tem lugar entre a fase de alimentação e a fase interna através da fase de membrana líquida.

A NELM é normalmente optimizada através do ajuste de várias variáveis, tais como o pH da fase externa, a concentração do transportador, a concentração do surfactante, a concentração da fase interna, a concentração da alimentação, a velocidade de agitação, a razão de tratamento, a razão entre o volume da fase interna e a membrana e o tempo de contacto.

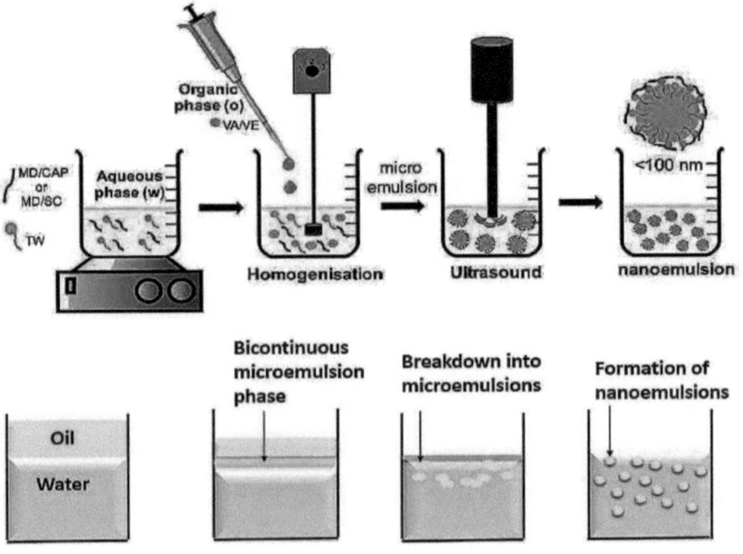

Fig 2: Esquema do processo ELM

1.6 TÉCNICAS DE CARACTERIZAÇÃO

As técnicas de caraterização e análise são métodos utilizados para identificar, isolar ou quantificar substâncias químicas ou materiais, ou para caraterizar as suas propriedades físicas. Incluem a microscopia, a dispersão de luz ou radiação, a espetroscopia, a calorimetria, a cromatografia, a gravimetria e outras medições utilizadas na química e na ciência dos materiais.

1.6.1 MICROSCÓPIO ELECTRÓNICO DE VARRIMENTO

Um microscópio eletrónico de varrimento (MEV) é um tipo de microscópio eletrónico que produz imagens de uma amostra através do varrimento da superfície com um feixe focalizado de electrões. Os electrões interagem com os átomos da amostra, produzindo vários sinais que contêm informação sobre a topografia da superfície e a composição da amostra. O feixe de electrões é varrido num padrão de varrimento raster, e a posição do feixe é combinada com a intensidade do sinal detectado para produzir uma imagem . No modo mais comum de SEM, os electrões secundários emitidos pelos átomos excitados pelo feixe de electrões são detectados utilizando um detetor de electrões secundários (detetor de Everhart-Thornley). O número de electrões secundários que podem ser detectados e, consequentemente, a intensidade do sinal, depende, entre outras coisas, da topografia da amostra. Alguns MEVs podem atingir resoluções superiores a 1 nanómetro. As amostras são observadas em alto vácuo num SEM convencional, ou em baixo vácuo ou em condições húmidas num SEM de pressão variável ou ambiental, e numa vasta gama de temperaturas criogénicas ou elevadas com instrumentos especializados.

Fig 3 : Microscópio eletrónico de varrimento

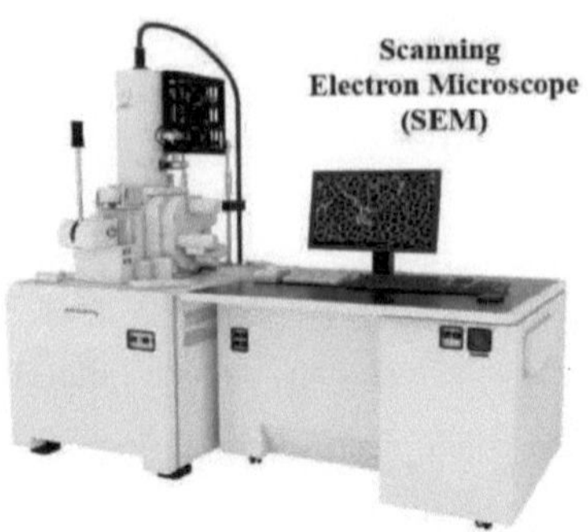

1.6.2 ESPECTROSCOPIA DE INFRAVERMELHOS COM TRANSFORMADA DE FOURIER

A espetroscopia de infravermelhos com transformada de Fourier (FTIR) é uma técnica utilizada para obter um espetro de infravermelhos de absorção ou emissão de um sólido, líquido ou gás. Um espetrómetro FTIR recolhe simultaneamente dados espectrais de alta resolução numa vasta gama espetral. Isto confere uma vantagem significativa em relação a um espetrómetro dispersivo, que mede a intensidade numa gama estreita de comprimentos de onda de cada vez. O termo espetroscopia de infravermelhos com transformada de Fourier tem origem no facto de ser necessária uma transformada de Fourier (um processo matemático) para converter os dados em bruto no espetro real.

Fig 4: Espectroscopia de infravermelhos com transformada de Fourier

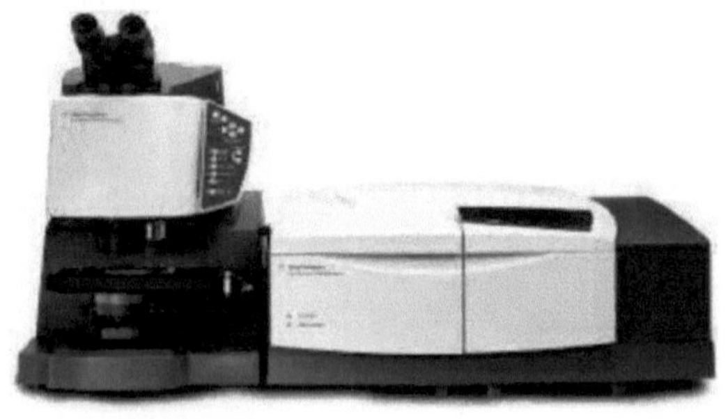

1.6.3 DIFRACÇÃO DE RAIOS X

A difração de raios X (XRD) é utilizada para a caraterização primária das propriedades dos materiais, como a estrutura cristalina, o tamanho dos cristais e a deformação. A utilização da XRD na investigação farmacêutica está a aumentar consideravelmente devido à sua vasta aplicação. O XRD funciona com base no princípio da equação de Bragg, que pode ser descrita em termos de reflexão da incidência de um feixe de raios X colimado num plano cristalino da amostra a caraterizar. A DRX baseia-se na dispersão elástica de grande ângulo e é geralmente utilizada para material ordenado (especificamente material cristalino de ordem de longo alcance), não sendo preferível para material desordenado. Um feixe de raios X é passado através da amostra e é espalhado, ou difractado, pelos átomos no caminho dos raios X investigados. A interferência que ocorre devido à dispersão dos raios X entre si é observada aplicando a lei de Bragg e um detetor adequadamente posicionado, e as caraterísticas da estrutura cristalina do material são determinadas. Todas as medições são efectuadas em Angstroms (1 Â=0,1 nm ou 10-10m). Para confirmar os resultados obtidos por XRD, estes podem ser comparados com técnicas de microscopia ou outras técnicas de caraterização do estado sólido. No entanto, a XRD pode ser demorada e pode exigir grandes quantidades de amostras.

Fig. 5: Difração de raios X

1.6.4 ESPECTROSCOPIA RAMAN

A espetroscopia Raman é uma ferramenta poderosa para a determinação de espécies químicas. Tal como acontece com outras técnicas espectroscópicas, a espetroscopia Raman detecta certas interações da luz com a matéria. Em particular, esta técnica explora a existência da dispersão de Stokes e Anti-Stokes para examinar a estrutura molecular. Quando uma radiação na gama do infravermelho próximo (NIR) ou do visível interage com uma molécula, podem ocorrer vários tipos de dispersão. O princípio subjacente à espetroscopia Raman é que a radiação monocromática é passada através da amostra, de modo a que a radiação possa ser reflectida, absorvida ou dispersa. Os fotões dispersos têm uma frequência diferente da do fotão incidente, uma vez que a vibração e a propriedade rotacional variam.

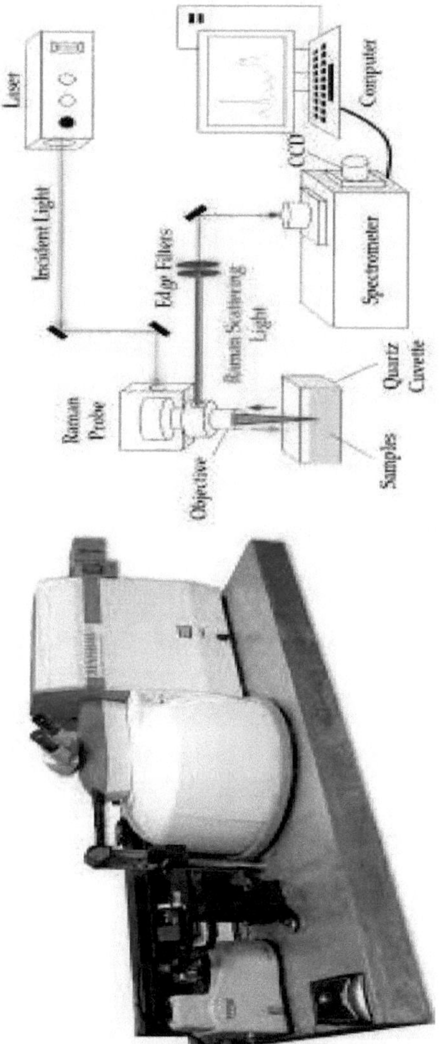

Fig.6 Espectroscopia Raman

CAPÍTULO 2: REVISÃO DA LITERATURA

1. **Remoção de iões de chumbo utilizando membranas líquidas de emulsão de piquetes à base de nanopartículas magnéticas de OA-Fe3O4: otimização do processo utilizando a metodologia de superfície de resposta de Box-Behnken**

Autores: Perumal Murugan, Gopalakrishnan Sarojini, Raman Saravanane & Soundarajan Bhuvaneshwari.

Ano: 2018

- Síntese de nanopartículas de OA-Fe3O4 pelo método de co-precipitação química e utilização como estabilizador de PELM. Aplicação de óleo não comestível, como o óleo de Mahua, como diluente na preparação do PELM. A remoção máxima de iões de chumbo foi de 98,52% em condições óptimas.
- Foram realizados estudos de otimização utilizando os métodos de superfície de resposta PBD e BBD para identificar a condição óptima para a remoção máxima de iões de chumbo de uma solução aquosa.

2. **Extração de Cr (VI) por membrana líquida de emulsão de Pickering utilizando nanofios de sílica anfifílicos (ASNWs) como surfactante**

Autores: Murugan Perumal, Bhuvaneshwari Soundarajan & Nihal Thazhathuveettil Vengara

Ano: 2021

- A PELM foi preparada utilizando óleo de mahua como diluente, aliquat como transportador e nanofios de sílica anfifílica como surfactante. Os factores que influenciam as emulsões de Pickering estabilizadas com sílica são o pH, a velocidade de agitação, a concentração da fase de decapagem, a razão volumétrica entre a membrana e a fase de decapagem, a concentração inicial da alimentação, a razão de tratamento e a concentração de tensioativo para uma melhor estabilidade da PELM.

- A variedade de óleos comestíveis e não comestíveis foi investigada relativamente à estabilidade da água na emulsão de óleo. Numa condição óptima, obteve-se 99,69% de remoção de Cr (VI) de uma solução aquosa.

3. **Síntese e caraterização de nanocompósitos de polipirrol - óxido de ferro - algas marinhas (PPy-Fe3O4-SW) e sua exploração para a remoção adsorvente de Pb(II) de águas contendo metais pesados**

Autores: Sarojini G, Venkateshbabu S, Rajasimman M. Facile

Ano: 2021

- Um adsorvente especial à base de polipirrol, com admirável resistência à salinidade, estabilidade ambiental e reutilização, foi utilizado para remover iões de chumbo de uma solução aquosa.
- As vantagens da utilização de adsorventes à base de polipirrol para a remoção de metais pesados são: facilidade de síntese, biocompatibilidade e elevada seletividade de metais. Neste estudo, foi proposto um nanocompósito de polipirrol - óxido de ferro - algas marinhas para remover iões de chumbo de uma solução aquosa. O nanocompósito foi preparado num curto espaço de tempo utilizando a técnica de polimerização ultra-assistida.

4. **Remoção do antibiótico tetraciclina utilizando uma membrana líquida de emulsão nano-fluida: estudos de rutura, extração e remoção**

Autores: Mohammed AA, Atiya MA, Hussein MA.

Ano: 2020

- A membrana líquida de emulsão nano-fluida (NFELM) foi utilizada para extrair tetraciclina (TC) de águas residuais simuladas.
- Tem 95,6% de eficiência de remoção.

5. **Seleção de membranas líquidas em emulsão para a remoção de ibuprofeno de uma solução aquosa**

Autores: Mohd Hazarel Zairy Mohd Harun, Abdul Latif Ahmad e Logaisri Rajandram

Ano: 2022

- A ELM tem uma vasta gama de aplicações na remoção de compostos orgânicos, tais como corantes, etilparabeno, resíduos electrónicos e ácido lático. Os métodos de ozonização, fotodegradação e nanofiltração mostraram-se menos eficientes na remoção de IBP de fontes de água.
- Vários estudos concluíram que os diluentes verdes, tais como o óleo de farelo de arroz (RBO), o óleo de milho (CO) e o óleo de girassol (SFO), tinham alcançado uma elevada eficiência de extração dos poluentes.

6. **Remoção de Clorpirifos de Soluções Aquosas por Membrana Líquida de Emulsão: Estudos de Estabilidade, Extração e Remoção**

Autores: Farrah Emad Al-Damluji*, Ahmed A. Mohammed

Ano: 2023

- A estabilidade da emulsão foi examinada num intervalo de 5 a 20 minutos. Os tempos de emulsificação, tal como referido, mostram que a maior eficiência de extração e remoção, 87,9% e 78,9%, respetivamente, ocorreu aos 5 minutos.
- Verificou-se que a estabilidade aumenta ligeiramente com o aumento da concentração de Span 80 até 3% (rutura = 0,82%). Com o aumento da concentração de tensioativo, mais tensioativo é absorvido na interfase entre a fase aquosa interna e a fase de membrana de óleo, melhorando assim a força da camada de adsorção e aumentando a estabilidade.

7. **Extração e otimização do processo de extração de Cu (II) e Cd (II)**

utilizando a membrana líquida de emulsão Pickering

Autores: P Murugan, S Bhuvaneshwari, D vidhyeshwari

Ano: 2021

- A extração de metais pesados divalentes como o cobre [Cu (II)] e o cádmio [Cd (II)] utilizando um PELM foi investigada utilizando três tensioactivos diferentes, tais como nanofios de sílica anfifílicos (ASNW), nanopartículas de óxido de alumínio (Alumina) e monooleato de sorbitano (SPAN 80)
- A influência dos parâmetros do processo, tais como o pH, a concentração da fase de decapagem, a velocidade de agitação e a concentração do transportador na eficiência da extração foi examinada para encontrar as condições óptimas em que a recuperação máxima de Cu (II) e Cd (II) é de 89,77% e 91,19%.

8. **Melhoria da estabilidade e do desempenho do sistema de membranas líquidas em emulsão (ELM) para a extração de fenol de águas residuais utilizando várias nanopartículas**

Autores: Faris H. Al-Ania,b,*, Qusay F. Alsalhyc,*, Muthanna Al-Dahhana

Ano: 2021.

- Foi efectuado o impacto do span 80 no querosene como fase orgânica na presença de partículas magnéticas de Fe2O3 e a estabilidade das emulsões formadas. As nanopartículas são estabilizadores de emulsão muito eficazes porque encontram essencialmente uma adsorção irreversível nas interfaces líquido-líquido (ou seja, a energia de adsorção é cerca de 100-10.000 vezes a energia térmica).
- As experiências de emulsificação foram realizadas utilizando os melhores parâmetros operacionais acima mencionados e foram mantidas em condições estáticas, para facilitar a visualização da fase separada da membrana em função do tempo.

9. **O efeito dos emulsionantes na estabilidade da emulsão e na eficiência de extração do Cr(VI) utilizando membranas líquidas em emulsão (ELMs) formuladas com um solvente verde**

Autores: Katia Anarakdim,Gemma Gutiérrez, Ángel Cambiella, Ounissa Senhadji-Kebiche e María Matos

Ano: 2020

- A eficiência de extração, *R* (%), foi calculada como R(%)=[Cr(VI)]0-[Cr(VI)]t[Cr(VI)]0×100
- Esta estabilidade depende do tamanho das gotículas de água e do emulsionante selecionado, da afinidade do tensioativo para cada fase (orgânica e aquosa) (HLB). Os emulsionantes desempenham um papel fundamental tanto na formação da emulsão como no processo de extração.

10. **Otimização e Previsão da Estabilidade da Membrana de Líquido Emulsionado (ELM): Rede Neural Artificial**

Autores: Meriem Zamouche , Hichem Tahraoui

Ano: 2023.

- Para investigar o impacto do rácio do volume da fase interna em relação à fase orgânica (fase interna/fase orgânica) na estabilidade da emulsão e na rutura da membrana, o rácio do volume da fase interna em relação à fase orgânica foi variado da seguinte forma: 1:2, 1:4, 3:2, 2:1.

A taxa de rutura não foi muito afetada pelo aumento da velocidade de agitação de 100 para 250 rpm; foi obtida uma estabilidade adequada com uma taxa de rutura muito baixa (0,07%) das emulsões W/O para a velocidade de agitação de 250 rpm.

CAPÍTULO 3 : MATERIAIS E MÉTODOS

3.1 RECOLHA E ANÁLISE DE AMOSTRAS

O efluente da fábrica de curtumes é recolhido na fábrica de curtumes Adam, chrompet, Chennai. O efluente recolhido é analisado num prazo de 3 dias. Os parâmetros como COD, BOD, TSS, TDS, cor, odor e valores de espetrometria UV são apresentados em seguida.

Tannery Effluent Water (Before treatment)			
Colour	Dark Brown		
Odour	Foul Smelling		
TSS	1000 PPM		
TDS	7000 PPM		
Conductivity	8 Siemens/cm		
pH	4.7		
BOD	1620 mg/L		
COD	5627 mg/L		
UV	Wavelength(nm)	350	575
	%T	2	2
	Absorbance	1.717	1.698
	Concentration	900	890

Tabela 2: Água de efluentes de curtumes (antes do tratamento)

Fig.7 Efluente bruto de curtume

3.1 MATERIAIS

De acordo com a literatura e o princípio experimental deste estudo, a concentração de Aliquat-336 (0,25 ml, 0,5 ml, 0,75 ml e 1 ml), a concentração de Span 80 (0,25 ml, 0,5 ml, 0,75 ml, 1 ml), RPM (250, 300, 350, 400, 450, 500 ppm), PH, relação M/S, concentração de óleo foram selecionadas como variáveis da experiência preliminar. O NaOH é utilizado como fase de remoção. Foi analisada a gama de valores adequada de cada variável e os quatro factores que têm maior influência nos resultados.

3.1.1 ALIQUAT-336

O Aliquat 336 (catalisador de Starks) é um sal de amónio quaternário utilizado como catalisador de transferência de fase e reagente de extração de metais. Contém uma mistura de cadeias C8 (octilo) e C10 (decilo), com predominância de C8. Trata-se de um líquido iónico.

Fig 8: Aliquat-336

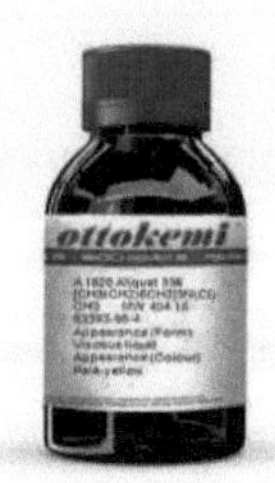

3.1.2 SPAN 80

O Span 80 é um tensioativo não-iónico, de base 100% biológica, fácil de manusear, para utilização como emulsionante W/O e co-emulsionante O/W, dispersante de pigmentos em líquidos não polares. O tensioativo é utilizado em revestimentos industriais.

Fig 9: Vão 80

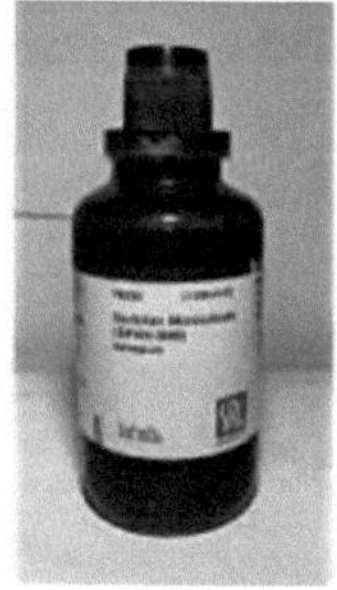

3.1.3 HIDRÓXIDO DE SÓDIO O hidróxido de sódio (NaOH), também designado por soda cáustica ou lixívia, é um sólido cristalino branco corrosivo que contém o catião Na+ (sódio) e o OH- (hidróxido)

anião. Absorve facilmente a humidade até se dissolver. O hidróxido de sódio é o alcalino industrial mais utilizado e é frequentemente utilizado em desentupidores de canos e fornos. O hidróxido de sódio é utilizado para produzir sabões, rayon, papel, produtos que explodem, corantes e produtos petrolíferos. Também pode ser utilizado em tarefas como o processamento de tecidos de algodão, limpeza e processamento de metais, revestimento de óxidos, galvanoplastia e extração electrolítica.

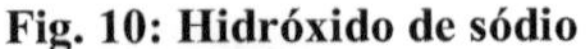

Fig. 10: Hidróxido de sódio

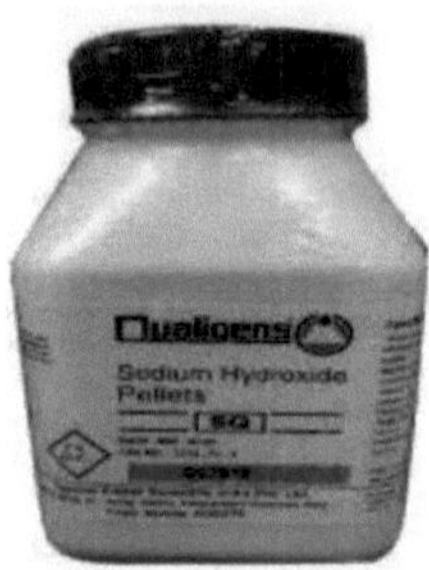

3.1.4 OUTROS MATERIAIS

O óleo NEEM é utilizado na preparação da fase de membrana. A água destilada é utilizada na preparação da fase de alimentação juntamente com água de curtume padronizada a 10 ppm. O HCl é utilizado para manter o pH.

Fig. 11: Outros materiais utilizados

3.2 APARELHOS

A balança digital eletrónica foi utilizada para a pesagem. O ajuste do pH foi efectuado com um medidor de pH. A emulsão foi preparada com um agitador magnético. Os metais pesados foram analisados por meio de um espetrómetro de absorção UV-Vis de feixe duplo.

3.2.1 BALANÇA ELECTRÓNICA DIGITAL

A balança eletrónica é um instrumento utilizado para a medição exacta do peso dos materiais. A balança eletrónica é um instrumento importante para os laboratórios para a medição precisa de produtos químicos utilizados em várias experiências.

A balança eletrónica de laboratório fornece resultados digitais de medição.

Fig. 12: Balança digital eletrónica

3.2.2 MEDIDOR DE pH Medidor de pH, dispositivo elétrico utilizado para medir a atividade dos iões de hidrogénio (acidez ou alcalinidade) numa solução. Fundamentalmente, um medidor de pH é constituído por um voltímetro ligado a um elétrodo sensível ao pH e a um elétrodo de referência (invariável). Por outras palavras, este instrumento mede a acidez/alcalinidade de uma solução. O grau de atividade dos iões de hidrogénio é, em última análise, expresso como nível de pH, que geralmente varia entre 1 e 14.

Fig 13: Medidor de PH

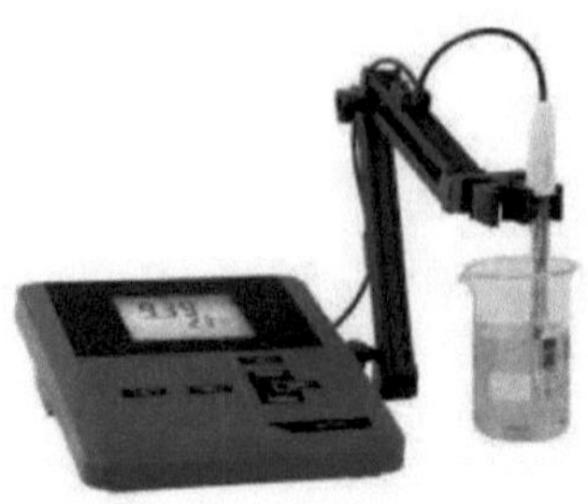

3.2.3 AGITADOR MAGNÉTICO

Um agitador magnético é um dispositivo muito utilizado em laboratórios e consiste num íman rotativo ou num eletroíman estacionário que cria um campo magnético rotativo. Este dispositivo é utilizado para fazer uma barra de agitação, mergulhar num líquido, girar rapidamente, ou agitar ou misturar uma solução.

Fig. 14: Agitador magnético

3.2.4 ESPECTRÓMETRO DE ABSORÇÃO ULTRAVIOLETA

A espetroscopia UV ou espetrofotometria UV-visível (UV-Vis ou UV/Vis) refere-se à espetroscopia de absorção ou à espetroscopia de reflexão em parte do ultravioleta e na totalidade das regiões visíveis adjacentes do espetro eletromagnético. Sendo relativamente barata e fácil de implementar, esta metodologia é amplamente utilizada em diversas aplicações aplicadas e fundamentais. O único requisito é que a amostra seja absorvida na região UV-vis, ou seja, que seja um cromóforo. A espetroscopia de absorção é complementar à espetroscopia de fluorescência. Os parâmetros de interesse, para além do comprimento de onda de medição, são a absorvância (A) ou a transmitância (%T) ou a reflectância (%R), e a sua variação com o tempo.

Fig. 15: Espectrómetro de UV

3.2.5 MICROSCÓPIO

Um microscópio é um instrumento que faz uma imagem ampliada de um objeto pequeno, revelando assim pormenores demasiado pequenos para serem vistos a olho nu. O tipo de microscópio mais conhecido é o microscópio ótico, que utiliza luz visível focada através de lentes.

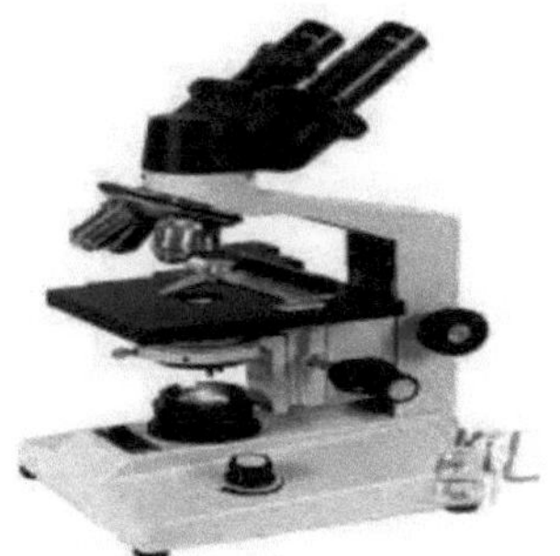

Fig.16 Microscópio

3.3 PROCEDIMENTOS EXPERIMENTAIS E CONFIGURAÇÃO

3.3.1 Síntese do grafeno

O grafeno é sintetizado pelo método de eletrólise da grafite. A grafite proveniente de resíduos de baterias é recolhida e são colocados dois eléctrodos com uma haste cilíndrica de aço inoxidável e grafite do outro lado, ambos submersos numa solução 0,1N de sulfato de amónio. A corrente de 6V enviada através do elétrodo por um adaptador reduziu a grafite a nanopartículas de grafeno

Fig.17 Eletrólise da grafite

3.3.2 PREPARAÇÃO DA FASE DE ALIMENTAÇÃO

Num copo de 100 ml, 10 ppm de água de efluente de curtume são recolhidos com uma solução de NaOH 0,5M.

O NaOH actua como um agente de decapagem. Adicionam-se 3 ml da fase de alimentação ou da fase de stripping à fase da membrana até perfazer 10 ml.

Fig. 18: Amostra 1: Solução de alimentação e solução de NaOH 0,5N

3.3.3 PREPARAÇÃO DA FASE DE MEMBRANA

Num copo de 50 ml, a emulsão ou fase de membrana feita de 7 ml de acordo com o rácio M/S de 6,5:3,5 consiste em 5,45 ml de óleo de Neem (diluente) com 0,5 ml de Span80 (tensioativo) e Aliquat336 (transportador) juntamente com 0,05 g de grafeno e ZnO. Em seguida, é misturado vigorosamente a 1000 rpm durante 10 minutos até se formar uma emulsão.

Fig. 19: Amostra 2

3.3.4 EXTRACÇÃO

Num copo de 100 ml, o ELM preparado foi disperso na solução de alimentação por um agitador mecânico a 350-400 rpm para criar emulsões duplas água-óleo-água (W/O/W). O agitador magnético foi desligado após 6 minutos de extração. A emulsão e as fases externas foram separadas por decantação. A amostragem da solução externa foi efectuada por uma seringa para medir as concentrações das amostras por espetrofotómetro UV

Fig.20: Amostras de emulsão

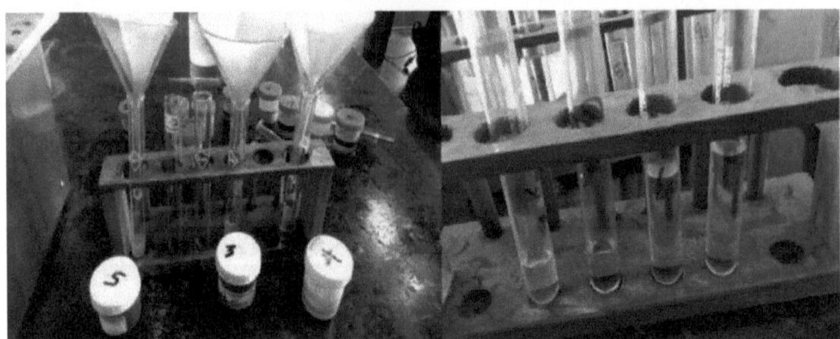

Fig.21: Água filtrada

CAPÍTULO 4: RESULTADOS E DISCUSSÃO

4.1 CARACTERIZAÇÃO DA ÁGUA DE CURTUME

4.1.1 ESPECTROSCOPIA RAMAN

A espetroscopia Raman foi aplicada para monitorizar o elemento grafítico na água de curtume. É utilizada para confirmar a presença de Cr(VI), Cu(II), Cd(II) e deformações CH3 como os picos gráficos em 280°, 437°, 1034° e 1360°. Os picos caraterísticos observados a 2θ de 250-300° são os picos caraterísticos dos iões de cobre e os picos caraterísticos observados a 2θ de 380-495° são os picos caraterísticos das partículas de cádmio. Os picos caraterísticos observados a 2θ de 850-1100° são os picos caraterísticos dos iões de crómio e os picos caraterísticos observados a 2θ de 1300-1470° são os picos caraterísticos das deformações CH3(6).

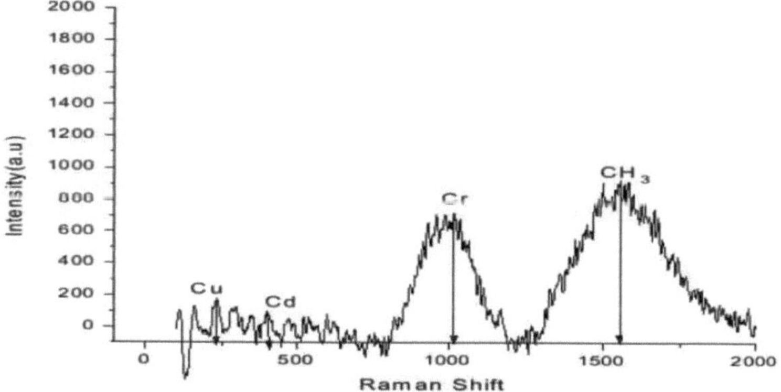

Fig.22: Espectro Raman do efluente bruto de curtume

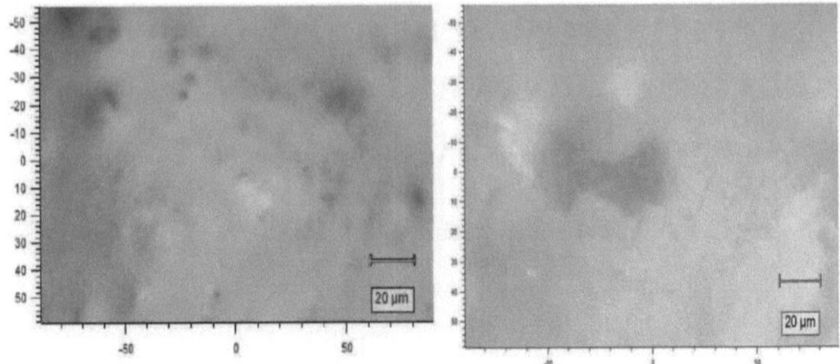

Fig.23: Imagem Raman da água bruta de curtume

4.1.2 ANÁLISE SEM

Fig.24: Imagens SEM do grafeno

A morfologia do grafeno e do ZnO pode ser caracterizada por um microscópio eletrónico de varrimento (SEM). A figura (30) mostra a imagem SEM do grafeno e do ZnO. A imagem é mostrada com a magnitude de 500x e a largura de 100 mm. A forma do grafeno e do ZnO é irregular e tem flocos sobre a partícula. O tamanho da partícula é de cerca de 100 e 1µm.

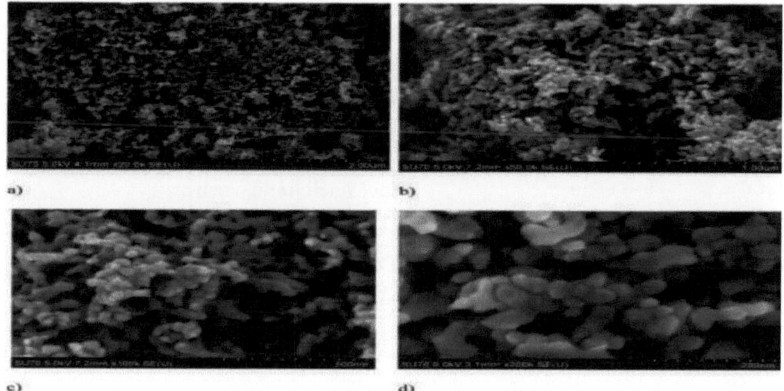

Fig.25 Imagem SEM de ZnO

4.1.3 ANÁLISE DO FTIR

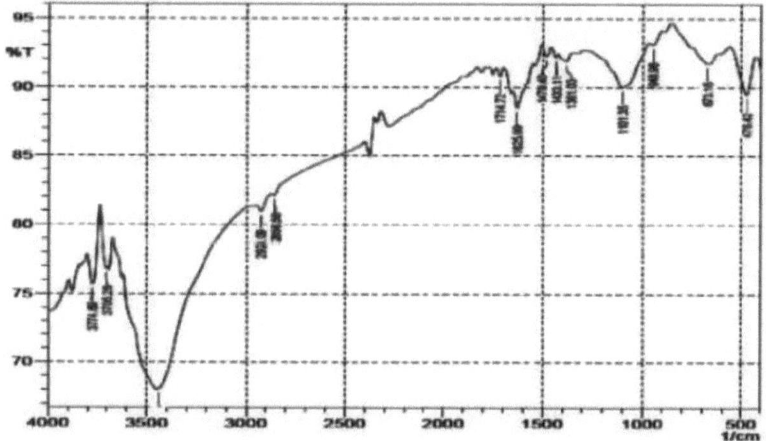

Fig.26: Espectro FTIR da amostra de curtume tratada

Parameters	initial	final	BIS Standard of effluent discharged IS:2296-1982
Colour	Dark brown	Lite Brown	
Odour	Foul smell	mild smell	
pH	10.05	8.5	5.5-9.0
EC (dS/n)	14.89	9	8.5
TDS (mg/L)	16500	2800	2100
T. Hardness (mg/L)	1290	550	600
T. Alkalinity (mg/L)	1456	520	600
Chloride (mg/L)	3124	753	1000
D.O. (mg/L)	Nil	Nil	Nil
B.O.D.(mg/L)	1248	30	30
C.O.D (mg/L)	3154	202	250
Chromium (mg/L)	68.01	1.2	2

Tabela 3: Água do efluente da fábrica de curtumes (após tratamento)

O pico FTIR indicou a presença de vários grupos funcionais contendo oxigénio na sua superfície, assegurando a sua formação. O forte pico largo centrado em 3442 cm-1 da vibração de estiramento da ligação O-H refere-se a grupos de álcool e de ácido carboxílico, bem como a moléculas de água adsorvidas. Os grupos funcionais como o hidroxilo, o grupo epóxi e o carboxilo são apresentados como caraterísticos do GO. O pico a 1714 cm-1 confirma o grupo carbonilo (C=O) presente na água. O pico centrado em 1625 cm-1 provém principalmente da vibração de estiramento da ligação C=C, indicando a presença de carbono hibridizado sp2, juntamente com uma contribuição da vibração de flexão da ligação O-H, resultando numa intensidade mais elevada. O pico encontrado entre 1000 e 1300 cm-1 da vibração de estiramento da ligação C-O refere-se à presença do grupo epoxi. Por conseguinte, todos os picos apresentados na figura anterior correspondem aos valores teóricos dos picos caraterísticos do óxido de grafeno.

4.1.4 ANÁLISE XRD

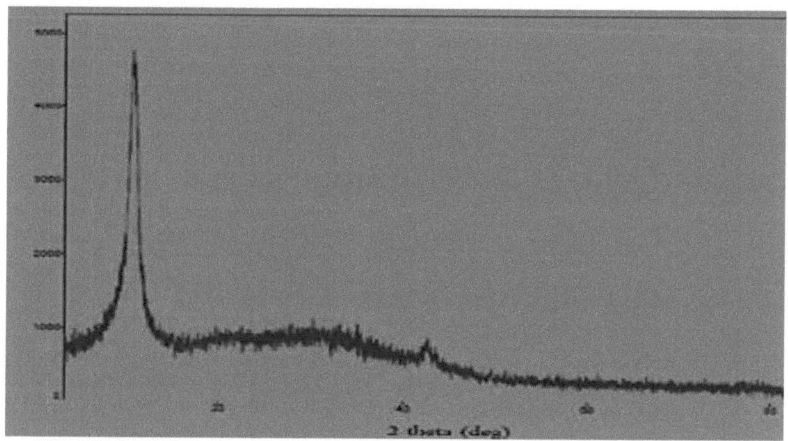

Fig.27: Padrões de difração de raios X (XRD) das nanopartículas de grafeno.

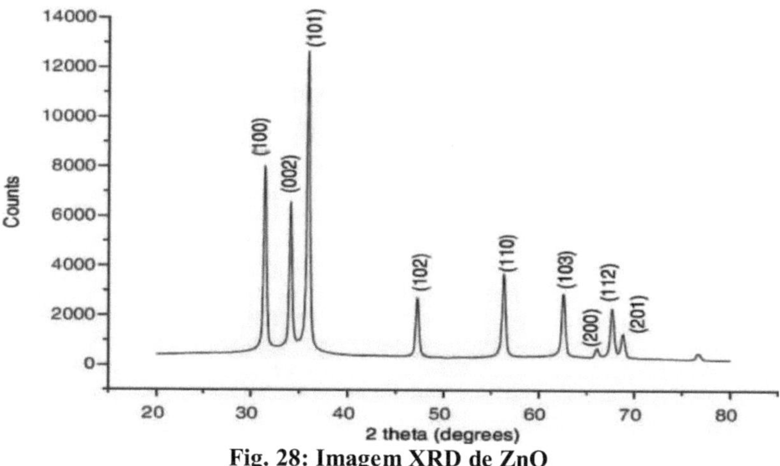

Fig. 28: Imagem XRD de ZnO

Os picos caraterísticos observados a 2θ de 10 -20° são os picos caraterísticos das partículas de grafeno, onde o padrão mostra que haverá cristalinidade. A velocidade de varrimento do XRD é de 2° 2θ min-1. A composição química do grafeno e do ZnO foi determinada por fluorescência de raios X por dispersão de energia. Os picos caraterísticos observados a 2θ de 101-200° são os picos caraterísticos das partículas de ZnO onde o padrão mostra que haverá cristalinidade

4.2 CARACTERIZAÇÃO DO OLMO

4.2.1 ANÁLISE MICROSCÓPICA

A imagem microscópica mostra o comportamento da membrana de emulsão líquida, tal como as figuras abaixo mostram a visualização pictórica da ELM de grafeno simples e da ELM de ZnO simples, a formação da emulsão e a natureza da fase de separação. Por conseguinte, a natureza da extração das emulsões é analisada utilizando um microscópio de 25 micrómetros.

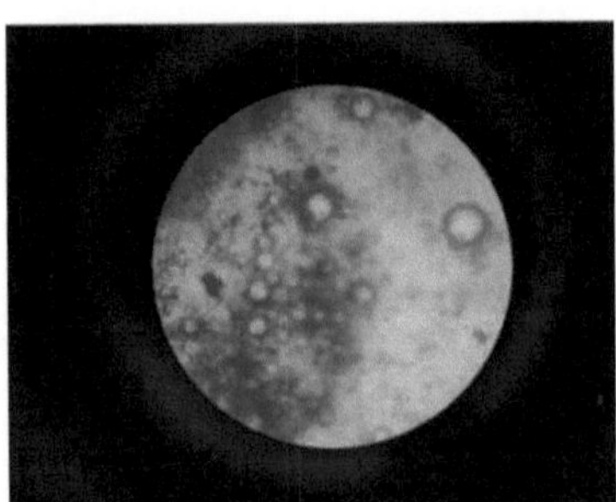

Fig.29: Emulsificação de ZnO

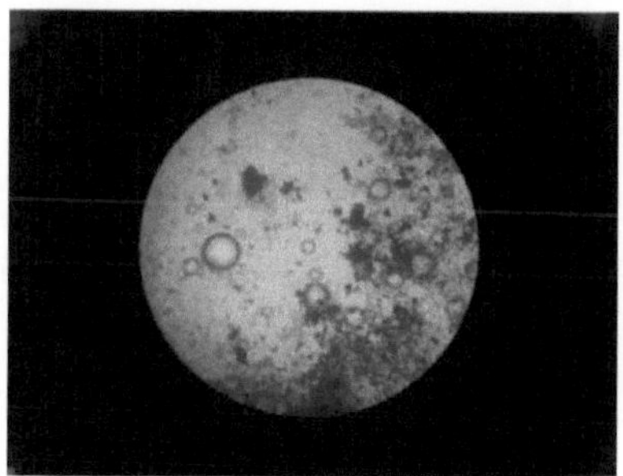

Fig.30: Emulsificação do grafeno

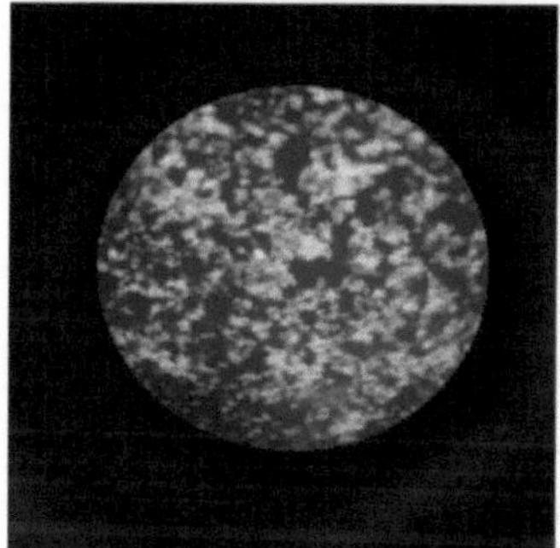

Fig.31: Membrana de grafeno simples

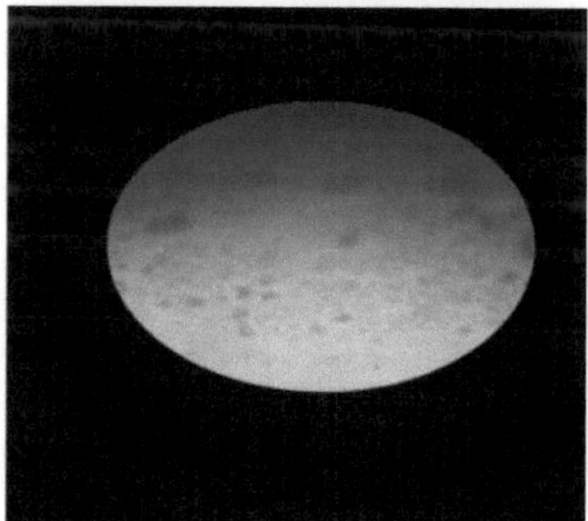

Fig.32: Membrana de ZnO simples

4.3 OPTIMIZAÇÃO

A fase de alimentação, a fase de membrana e a quantidade óptima de fase de remoção são misturadas e agitadas para extrair metais pesados. As experiências foram realizadas com várias concentrações de solução de curtume e o valor da absorvância é anotado utilizando o espetrómetro UV para obter o gráfico padrão para encontrar o valor R. A tabela e o gráfico abaixo mostram o valor da absorvância com várias concentrações e o valor R, respetivamente.

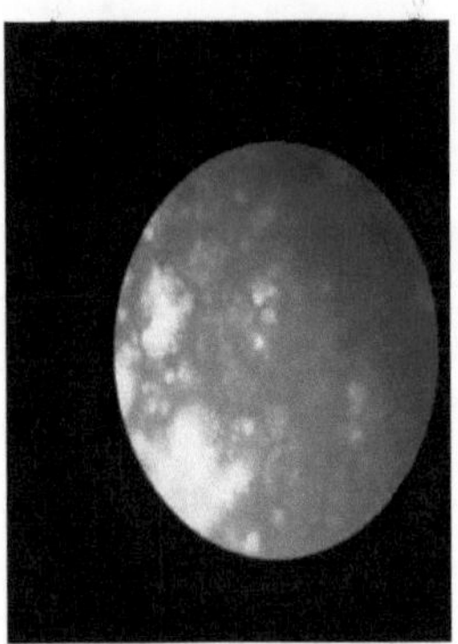

Fig.33 Fase de decapagem

Fig.34 Vista microscópica

QUADRO 4: VALORES PADRÃO DO ESPECTRO UV

Concentration of tannery effluent PPM	Absorbance
0	0
10	0.163
20	0.264
30	0.384
40	0.457
50	0.514
60	0.692
70	0.742
80	0.813
90	0.946
100	1.057

GRÁFICO 1: GRÁFICO PADRÃO DO ESPECTRO UV

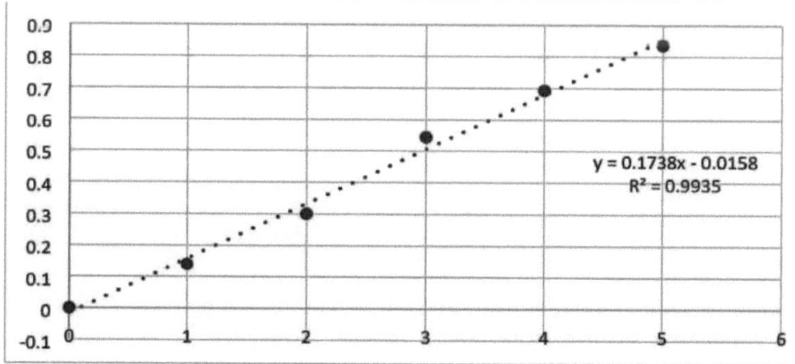

4.3.1 EFEITO DO PH

A solução aquosa de curtume foi criada diluindo o efluente de curtume em água destilada para preparar a fase de alimentação até 10 ppm. O pH da fase de alimentação é ajustado de 2,5 a 11 utilizando 0,1N de solução de HCl e NaOH. A extração de metais pesados a diferentes pH foi estudada utilizando um espetrómetro UV. Verificou-se que o pico de absorvância diminuía até um determinado valor e depois aumentava. A absorvância e a extração são inversamente proporcionais. Quanto menor for o valor da absorvância, maior será a remoção dos metais pesados. A tabela 2 abaixo mostra a absorvância e a extração de metais pesados em diferentes gamas de pH utilizando grafeno e ZnO.

QUADRO 5: EFEITO DO PH

PH	Absorbance	Removal efficiency % using graphene	Absorbance	Removal efficiency % using ZnO
2.5	0.119	89.1	0.178	84
4	0.11	89.13333333	0.179	84
5.5	0.157	86.4	0.227	76.4
7	0.170	84.3	0.255	71.3
8.5	0.217	78	0.317	65
11	0. 285	72	0. 385	57

GRÁFICO 2: EFEITO DO PH

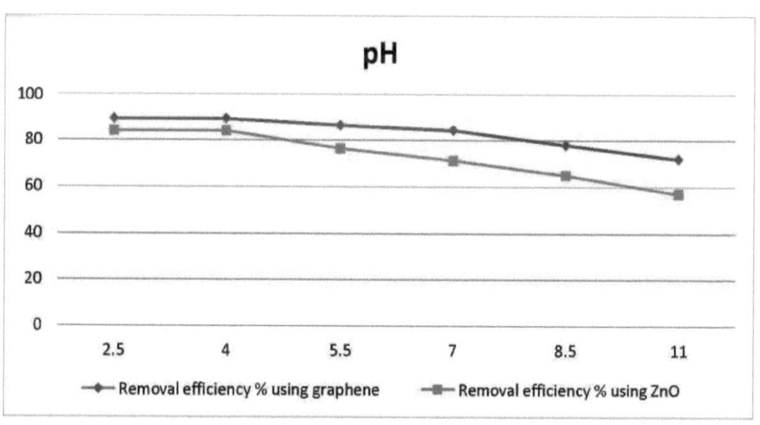

4.3.2 EFEITO DA CONCENTRAÇÃO INICIAL DO ALIMENTO

A diferença de concentração entre a fase de alimentação e a fase de decapagem actuou como força motriz para o transporte de iões metálicos através da membrana líquida da emulsão.

Assim, a concentração inicial na fase de alimentação afecta a taxa de transferência de massa. O efeito da concentração inicial da fase de alimentação foi examinado numa gama variada de concentrações de amostra entre 10 e 35 ppm, como se mostra na tabela (3). A fase de alimentação e a emulsão de decapagem numa proporção óptima foram agitadas a uma velocidade de agitação de 400 rpm. O claro aumento da concentração na alimentação diminuiu a eficiência da extração de metais pesados. Por conseguinte, o processo é significativo para a remoção de metais pesados na sua baixa concentração em solução aquosa.

Ao analisar a 10 e 15 ppm, a extração de amoxicilina é mais elevada do que nas outras concentrações, com o grafeno a apresentar uma taxa de remoção mais elevada.

QUADRO 6: EFEITO DA CONCENTRAÇÃO INICIAL DA RAÇÃO

Initial concentration (in ppm)	Absorbance	Removal efficiency % using graphene	Absorbance	Removal efficiency% using ZnO
10	0.102	89.7	0.172	81
15	0.107	89.6	0.197	80.2
20	0.168	87.3	0.269	75.7
25	0.192	83.1	0.282	73.1
30	0.268	76	0.328	65.3
35	0.324	65	0.414	54.4

GRÁFICO 3: EFEITO DA CONCENTRAÇÃO INICIAL DA RAÇÃO

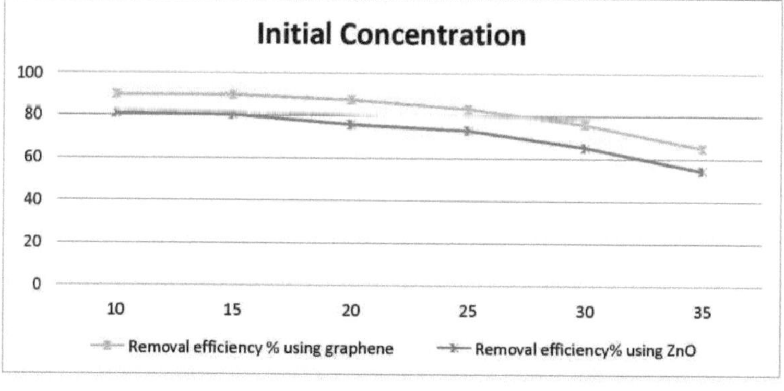

4.3.3 EFEITO DA VELOCIDADE DE AGITAÇÃO

O efeito da velocidade de agitação na extração de metais pesados como o Cr, o Cd e o Cu foi estudado no intervalo entre 250 e 500 rpm e os resultados são ilustrados na tabela (4). O desempenho da extração é diretamente influenciado pela velocidade de agitação. O tamanho dos glóbulos e a sua distribuição são afectados pela velocidade de agitação. Uma velocidade de agitação mais elevada resulta na formação de glóbulos mais pequenos, pelo que a área de transferência de massa interfacial entre a fase de alimentação e a fase de membrana aumenta, bem como a taxa de transferência de massa e a eficiência da extração de metais pesados. Uma velocidade de agitação muito elevada, para além da velocidade óptima, pode levar à rutura do ELM. Durante o processo de extração, foi mantida a velocidade óptima. Quando a velocidade de agitação aumentou de 250 rpm para 400 rpm, verificou-se um aumento da extração de metais pesados de 77% para 90,2% utilizando grafeno e de 72,4 para 82,2%. Em gamas de velocidade de agitação mais baixas, entre 250 e 350 rpm, os glóbulos de ELM não se conseguiram dispersar bem na solução de alimentação e formaram-se grandes glóbulos. Os resultados indicam que a velocidade de agitação de 400 rpm proporcionou a extração máxima de metais pesados (90,2%). É evidente que, ao aumentar a velocidade de agitação, a eficiência da extração de metais pesados e a estabilidade da emulsão aumentam até uma velocidade óptima. No entanto, para além das 400 rpm, a emulsão tende a romper-se, reduzindo assim a eficiência da extração de metais pesados devido à instabilidade hidrodinâmica da emulsão a uma velocidade mais elevada. Alguns glóbulos romperam-se devido ao predomínio da força de cisalhamento. Por outro lado, as dilatações ocorreram continuamente devido ao co-transporte de água da fase de alimentação para a fase de extração. Além disso, existia um compromisso entre os efeitos de rutura e de inchaço. A estabilidade da membrana foi significativa a 400 rpm com um inchaço mínimo da emulsão e uma área de transferência de massa interfacial melhorada.

QUADRO 7: EFEITO DA VELOCIDADE DE AGITAÇÃO

Agitation speed	Absorbance	Removal efficiency % using graphene	Absorbance	Removal efficiency % using ZnO
250	0.225	77	0.278	72.4
300	0.261	81.8	0.231	77
350	0.111	87.1	0.201	80.1
400	0.091	90.2	0.167	82.2
450	0.294	78.3	0.308	68.7
500	0.396	57	0.436	50.4

GRÁFICO 4: EFEITO DA VELOCIDADE DE AGITAÇÃO

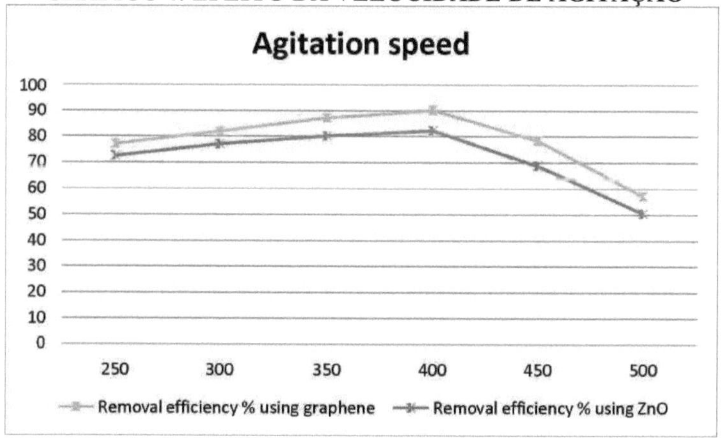

4.3.4 EFEITO DA CONCENTRAÇÃO DE DECAPAGEM

O efeito da concentração da fase de decapagem (NaOH) na extração de metais pesados foi estudado numa gama de concentrações diferente entre 0,1 e 1 M. O resultado mostra que 0,4 M de NaOH foi o melhor para a extração, como se mostra na tabela (5). É evidente que aumento da concentração de NaOH de 0,1 para 0,4 M, aumentou a extração de metais pesados de 78,1% para 89,1% utilizando grafema e de 69,2 para 80% utilizando ZnO. No entanto, ao aumentar a concentração de NaOH na solução de decapagem de 0,6 para 1 M, a eficiência da extração de metais pesados foi reduzida. O aumento da quantidade de NaOH na fase de decapagem interna diminuiu a diferença de densidade e aumentou a viscosidade da emulsão. O aumento da viscosidade da emulsão reflectiu-se no tamanho das gotículas. Além disso, a diferença de força iónica entre a fase de alimentação e a fase de extração conduziu a um aumento do volume da fase de extração, o que promove a fuga excessiva da emulsão. Por conseguinte, a eficiência de extração diminuiu para além de 0,6 M. Assim, confirma-se que a concentração óptima de stripping para a extração de metais pesados foi de 0,4 M.

QUADRO 8: EFEITO DA CONCENTRAÇÃO DE DECAPAGEM

Stripping Concentration (M NaOH)	Absorbance	Removal efficiency % using graphene	Absorbance	Removal efficiency % using ZnO
0.1	0.237	78.2	0.291	69.2
0.2	0.153	86	0.223	78
0.4	O.136	89.1	O.216	80
0.6	0.258	76	0.368	64.9
0.8	0.379	63.8	0.329	57.3
1	0.418	56.7	0.498	48.8

GRÁFICO 5: EFEITO DA CONCENTRAÇÃO DE STRIPPING

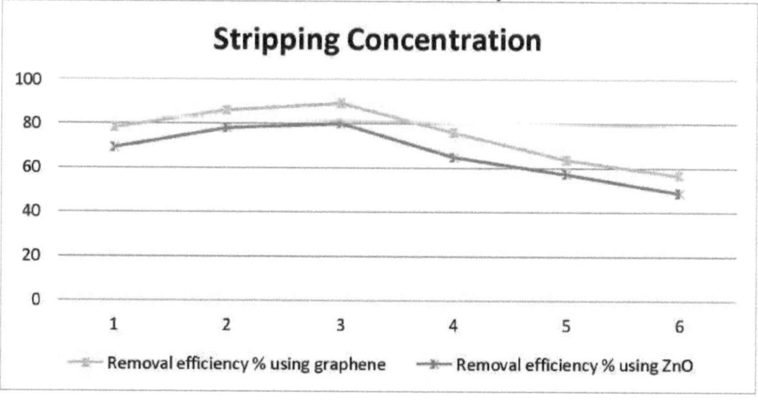

4.3.5 EFEITO DA CONCENTRAÇÃO DO TRANSPORTADOR

O transportador desempenha um papel fundamental na extração do soluto, uma vez que é responsável pela formação de um complexo com o soluto na fase de stripping e pelo seu transporte através da fase de membrana. O transportador (Aliquat 336) foi variado entre 0,1 e 1 vol% na fase de membrana. A percentagem de extração do metal pesado foi determinada para cada caso, mantendo o volume da fase de alimentação constante a 10PM. Além disso, o volume dos diluentes e a quantidade de tensioativo (fase membranar) foram mantidos constantes durante toda a experiência. Os efeitos da concentração do agente de transporte na percentagem de extração são apresentados na tabela (6). É evidente que a eficiência da extração aumenta com o aumento da concentração do agente de transporte. Assim, uma concentração mais elevada do agente de transporte permitiu a extração máxima de metais pesados de soluções aquosas.

QUADRO 9: EFEITO DA CONCENTRAÇÃO DO TRANSPORTADOR

Carrier Concentration (in mg)	Absorbance	Removal efficiency % using graphene	Absorbance	Removal efficiency % using ZnO
0.10	0.471	55.8	0.498	48.9
0.20	0.310	68	0.410	60.3
0.40	0.256	75.6	0.356	68.3
0.60	0.195	86.9	0.225	76.7
0.80	0.158	88.9	0.189	81.1
1	0.158	88.9	0.189	81.1

GRÁFICO 6: EFEITO DA CONCENTRAÇÃO DO TRANSPORTADOR

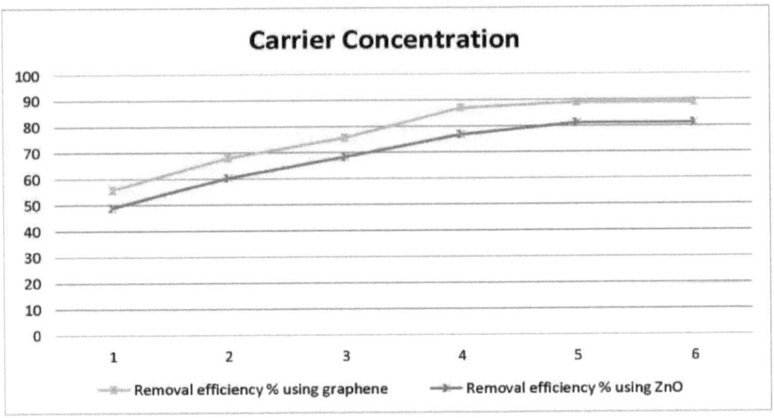

4.3.6 EFEITO DO TEMPO DE EXTRACÇÃO

O tempo de extração variou de 4 a 24 minutos e os valores de absorvância foram anotados. Observa-se que, a cada 4 minutos, há uma extração máxima de metal pesado. A extração aumenta de 57,6% para 88,7% entre 4 e 16 minutos e depois diminui à medida que a fase membranar é perturbada devido ao excesso de tempo a uma velocidade constante de 400 rpm. A Tabela (7) abaixo mostra o valor da absorvância e a percentagem de extração do metal pesado em vários tempos de extração.

QUADRO 10: EFEITO DO TEMPO DE EXTRACÇÃO

Extraction Time (in minutes)	Absorbance	Removal Efficiency % using graphene	Absorbance	Removal Efficiency % using ZnO
4	0.361	65.7	0.472	57.6
8	0.277	74.3	0.397	66.9
12	0.215	81	0.279	73.6
16	0.117	88.7	0.184	·81
20	0.318	69.4	0.378	61.5
24	0.441	61.7	0.54	54.1

GRÁFICO 7: EFEITO DO TEMPO DE EXTRACÇÃO

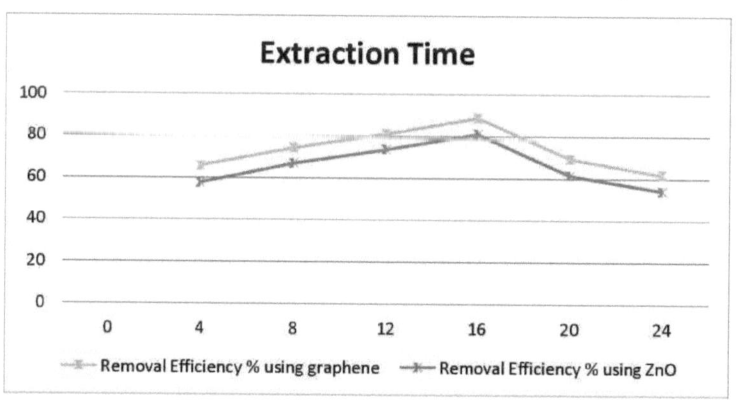

4.3.7 EFEITO DA CONCENTRAÇÃO DO TENSIOACTIVO

A concentração de surfactante desempenhou um papel crucial na estabilidade da emulsão. A concentração do tensioativo mostrou uma variação de SPAN 80 de 0,1 a 1 vol. %. Verificou-se que a percentagem de extração de metais pesados aumenta com o aumento do volume de tensioativo. Com o aumento da concentração de tensioativo, a percentagem de extração de metais pesados mantém-se praticamente constante. Por conseguinte, as concentrações de tensioativo de 0,8 vol% SPAN 80 foram escolhidas para estudos posteriores.

QUADRO 11: EFEITO DA CONCENTRAÇÃO DO TENSIOACTIVO

Surfactant concentration (in mg)	Absorbance	Removal efficiency % using graphene	Absorbance	Removal efficiency % using ZnO
0.10	0.358	60	0.468	49.5
0.20	0.256	73.9	0.356	63.2
0.40	0.184	81.3	0.314	69.3
0.60	0.171	86.1	0.251	76.5
0.80	0.145	89	0.205	80.1
1	0.145	89	0.205	80.1

GRÁFICO 8: EFEITO DA CONCENTRAÇÃO DO TENSIOACTIVO

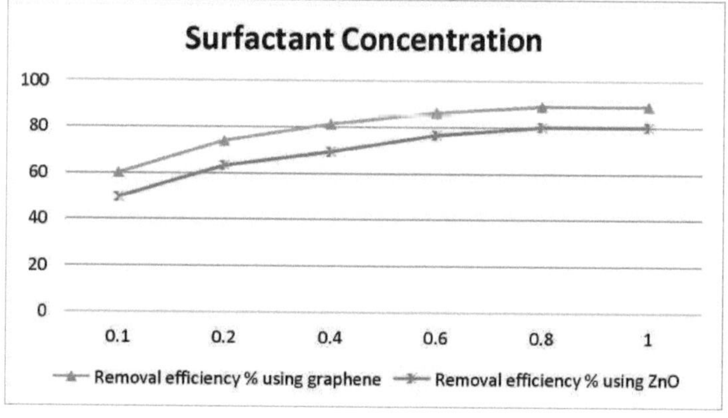

4.3.8 RÁCIO M/S

A relação M/S (MembraneZStripping) é a diferença entre a fase de membrana e a fase de stripping que actua como força motriz para o transporte de iões metálicos através da membrana líquida da emulsão.

Assim, a relação M/S afecta a taxa de transferência de massa. O efeito do rácio M/S foi examinado numa gama variada de rácios de amostras entre 5,5:4,5 e 8:2, como se mostra na tabela (9). A fase de alimentação e a emulsão Pickering com uma relação óptima foram agitadas a uma velocidade de agitação de 400 rpm. O claro aumento da concentração na alimentação diminuiu a eficiência da extração de metais pesados. Por conseguinte, o processo é significativo para a remoção de metais pesados na sua baixa concentração em solução aquosa.

Na análise a 7:3 quando se utiliza grafeno e 6,5:3,5 quando se utiliza ZnO, a extração de metais pesados é mais elevada do que nas outras proporções de amostras com grafeno, o que mostra uma taxa de remoção mais elevada.

QUADRO 12: EFEITO DO RÁCIO M/S

M/S ratio	Absorbance	Removal efficiency % using graphene	Absorbance	Removal efficiency% using ZnO
5.5:4.5	0.356	68	0.368	58
6:4	0.234	77	0.256	73.9
6.5:3.5	0.127	85	0.184	81.3
7:3	0.106	88	0.221	77.1
7.5:2.5	0.302	70	0.345	68
8:2	0.480	53	0.548	44.7

GRÁFICO 9: EFEITO DO RÁCIO M/S

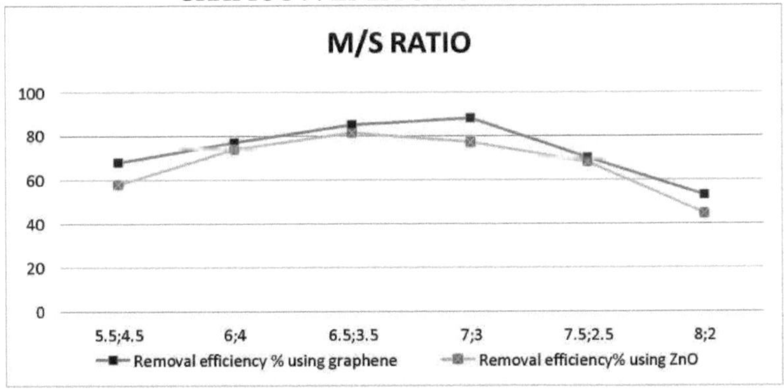

CAPÍTULO 5: CONCLUSÃO

Neste estudo, o processo NELM foi utilizado para a extração de metais pesados da solução de águas residuais de curtumes (couro). Foi utilizada a metodologia de superfície de resposta para determinar as condições óptimas para a extração de metais pesados das águas residuais. Para uma abordagem ecológica, foi selecionado o óleo de neem como diluente, que mostrou uma boa estabilidade da emulsão e eficiência de extração com suporte de grafeno e ZnO. Os valores de absorvância foram registados utilizando um espetrómetro UV. Os resultados mostraram que a velocidade de agitação era óptima a 400 rpm. A concentração de decapagem de 0,4M, 1 vol% de concentração de transportador, 0,8 vol% de concentração de tensioativo com 16 min de tempo de extração alcançou a extração máxima de metais pesados de 90,8%. Estes estudos sugerem que a ELM pode ser um método alternativo para minimizar a poluição ambiental em maior medida. A realização de mais estudos sobre a sua estabilidade irá, naturalmente, valorizar as suas aplicações. O presente estudo provou a viabilidade económica e técnica do óleo de neem no processo ELM para a extração de metais pesados de uma solução aquosa.

CAPÍTULO 6: REFERÊNCIAS

1. Sarojini G, Venkateshbabu S, Rajasimman M. Síntese e caraterização fáceis do nanocompósito de polipirrol - óxido de ferro - algas marinhas (PPy-Fe3O4-SW) e sua exploração para a remoção adsorvente de Pb(II) de águas contendo metais pesados, 2021
2. Farrah Emad Al-Damluji*, Ahmed A. Mohammed Remoção de Clorpirifos de Soluções Aquosas por Membrana Líquida de Emulsão: Estudos de estabilidade, extração e remoção 2023
3. Alzoubi, F.Y. Alzouby, J.Y. Alqadi, M.K. Alshboul, H.A. Aljarrah, K.M. Síntese e Caracterização de Nanopartículas de Ouro Coloidal Controladas pelo pH e Força Iónica. Chin. J. Phys. 2015, 53, 1-9.
4. Chakrabarty, K. Saha, P. Ghoshal, A.K. Separação de lignossulfonato da sua solução aquosa utilizando uma membrana líquida de emulsão. J. Membr. Sci. 2010, 360, 34-39.
5. Chaouchi, S. Hamdaoui, O. Extração do poluente prioritário 4- Nitrofenol da água por membrana líquida de emulsão: estabilidade da emulsão, efeito das condições operacionais e reutilização da membrana. J. Dispersion Sci. Technol. 2014, 35,1278-1288.
6. Kusumastuti, A.; Anis, S.; Syamwil, R.; Ahmad, A. L. Membrana de emulsão líquida para remoção de corantes têxteis: Processo de extração. JPS. 2018, 29, 175-184. DOI: https://doi.org/10.21315/jps2018.29.s2.13.
7. Goyal, R. K.; Jayakumar, N. S.; Hashim, M. A. Remoção de crómio por membrana líquida de emulsão utilizando [BMIM] + [NTf2]- como estabilizador e TOMAC como extrator. Desalination 2011, 278, 50-56. DOI:https://doi.Org/10.1016/j.desal.2011.05.001.
8. Uddin, M.; Kathiresan, S. M. Extração de iões metálicos por membrana líquida em emulsão utilizando um tensioativo bi-funcional: estudos de equilíbrio e cinéticos. Sep. Purif. Technol. 2000, 19, 3-9. DOI:

https://doi.org/10.1016/S1383- 5866(99)00079-9.

9. Gupta, S.; Khandale, P. B.; Chakraborty, M. Application of Emulsion Liquid Membrane for the Extraction of Diclofenac and Relationship with the Stability of Water-in-Oil Emulsions. J. Disper. Sci. Technol. 2020, 41, 393401. DOI: https://doi.org/10.1080/01932691.2019.1579655.
10. Ahmad, A. L.; Shah Buddin, M. M. H.; Ooi, B. S.; Kusumastuti, A. Remoção de cádmio utilizando membrana líquida de emulsão à base de óleo vegetal (ELM): Investigação de quebra de membrana. J. Teknol 2015, 75, 39-46.
11. Dass, A. Hamdaoui, O. Corrigendum to Extraction of Bisphenol a from Aqueous Solutions by Emulsion Liquid Membrane. J. Membr. Sci. 2010, 348, 360-368.
12. Ghorbanpour, P. Jahanshahi, M. Extração de prata utilizando um sistema de membranas líquidas em emulsão contendo D2EHPA-TBP como transportador sinérgico: otimização através da metodologia de superfície de resposta. Environ Technol. 2021; XX:1-9. Hachemaoui, A. Belhamel, K. Hans-Jorg, B. Extração de membrana líquida em emulsão de Ni (II) e Co (II) de soluções ácidas de cloreto usando ácido bis- (2-etilhexil) fosfórico como extrator. J. Coord. Chem. 2010, 63, 2337-2348.
13. Hasan, M. A. Selim, Y.T. Mohamed, K.M. Remoção de crómio de uma solução aquosa residual utilizando uma membrana de emulsão líquida. J. Hazard. Matr. 2009, 168, 1537-1541.
14. Khadivi, M. Javanbakht, V. Membrana de líquido iónico em emulsão utilizando óleo de parafina comestível para a remoção de chumbo de soluções aquosas. J Mol Liq. 2020;319:114137.
15. Liang, J. Li, H. Yan, J. et al. Desemulsificação de nanopartículas de magnetite revestidas com ácido oleico para nanoemulsões de ciclo-hexano em água. Energy Fuels. 2014;28:6172-6178.
16. Liu, L. Cui, W. Lu, C. Zain, A. Zhang, W. Shen, G. Hu, S. Qian. X, Analisando

o comportamento de adsorção da Amoxicilina em quatro nanopartículas de Zr-MOFs: Dependência de grupos funcionais do desempenho e mecanismos de adsorção, J. Environ. Management. (2020) 268, 110630.

17. Leon, G. Guzman, MA. Miguel, B. Remoção de 4-Nitrofenol de soluções aquosas por membranas líquidas em emulsão usando facilitação do tipo I. Environ Technol. 2013;34(15):2309-2315.
18. Makropoulou, T. Kortidis, I. Davididou, K. Motaung, D.E. Chatzisymeon, E. J. Water Process Eng. 36 (2020) 101299.
19. Mesli, M. Belkhouche, N.E. Membrana de emulsão líquida para o processo de recuperação de chumbo: Estudo comparativo do projeto de superfície de resposta experimental. Chem. Eng. Res. Des. 2018, 129, 160-169.
20. Mohammed, AA. Atiya, MA. Hussein, MA. Estudos simultâneos da estabilidade da emulsão e da capacidade de extração para a remoção de tetraciclina de uma solução aquosa por membrana de surfactante líquido. Chem. Eng. Res. Des. 2020;159:225-235.
21. Mohammed, AA. Atiya, MA. Hussein, MA. Estudos sobre a estabilidade da membrana e a extração de ciprofloxacina de uma solução aquosa utilizando uma membrana líquida de emulsão de Pickering estabilizada por nano-Fe2O3 magnético. Colloid Surf A-Physicochem. Eng Asp. 2019;124044.
22. Othman, N. Sulaiman. RNR. Rahman, HA. et al. Extração simultânea e enriquecimento de corante reativo utilizando um sistema de membrana líquida de emulsão verde. EnvironTechnol. 2016: 19.
23. Seifollahi, Z. e Rahbar-Kelishami, A. Extração de amoxicilina de uma solução aquosa através de membranas líquidas em emulsão utilizando a metodologia de superfície de resposta, Chem. Eng. Technol. (2019), 42, No. 1, 156-166.
24. Yan, B. Huang, X. Chen, K. Liua, H. Wei, S. Wua, Y. Wang, L. Um estudo da membrana líquida de emulsão transportadora sinérgica para a extração de amoxicilina da fase aquosa utilizando a metodologia de superfície de resposta, J. Indus. Eng. Chem. 100 (2021)6374.
25. Bingchuan, Yan. Xiaojing Huang. Kai Chena. Hui Liu. Shanshan Wei. ,Yihai Wu. , Li Wang. Um estudo de membrana líquida de emulsão transportadora sinérgica para a extração de amoxicilina da fase aquosa usando metodologia de superfície de resposta, Journal of Industrial and Engineering Chemistry 100 (2021) 63-74.

yes
I want morebooks!

Buy your books fast and straightforward online - at one of world's fastest growing online book stores! Environmentally sound due to Print-on-Demand technologies.

Buy your books online at
www.morebooks.shop

Compre os seus livros mais rápido e diretamente na internet, em uma das livrarias on-line com o maior crescimento no mundo! Produção que protege o meio ambiente através das tecnologias de impressão sob demanda.

Compre os seus livros on-line em
www.morebooks.shop

info@omniscriptum.com
www.omniscriptum.com

Printed by Books on Demand GmbH, Norderstedt / Germany